JN202470

JIS Q 45100

2018 9-28

労働安全衛生マネジメントシステム—
要求事項及び利用の手引—
安全衛生活動などに対する追加要求事項

目　次

JIS Q 45100:2018

労働安全衛生マネジメントシステム－
要求事項及び利用の手引－
安全衛生活動などに対する追加要求事項

まえがき

この規格は，工業標準化法第12条第1項の規定に基づき，中央労働災害防止協会（中災防）及び一般財団法人日本規格協会（JSA）から，工業標準原案を具して日本工業規格を制定すべきとの申出があり，日本工業標準調査会の審議を経て，厚生労働大臣が制定した日本工業規格である．

この規格は，著作権法で保護対象となっている著作物である．

この規格の一部が，特許権，出願公開後の特許出願又は実用新案権に抵触する可能性があることに注意を喚起する．厚生労働大臣及び日本工業標準調査会は，このような特許権，出願公開後の特許出願及び実用新案権に関わる確認について，責任はもたない．

序文

労働安全衛生をめぐる法規制及び安全衛生水準は，国によって懸崖が存在する中で，ISO 45001:2018 は，各国の状況に応じて柔軟に適用できるように作られている．

このため，ISO 45001:2018 の一致規格である JIS Q 45001:2018 の要求事項には，厚生労働省の"労働安全衛生マネジメントシステムに関する指針"で求められている，安全衛生活動などが明示的には含まれていない．

この規格は，日本の国内法令との整合性を図るとともに，多くの日本企業がこれまで取り組んできた具体的な安全衛生活動，日本における安全衛生管理体制などを盛り込み，JIS Q 45001:2018 と一体で運用することによって，働く人の労働災害防止及び健康確保のために実効ある労働安全衛生マネジメントシステムを構築することを目的としている．

JIS Q 45001:2018 の附属書 A には，この規格の要求事項の解釈のために参考となる説明が記載されている．

この規格では，次のような表現形式を用いている．

a) "〜しなければならない"は，要求事項を示し，
b) "〜することができる"，"〜できる"，"〜し

　得る"などは，可能性又は実現能力を示す．

　この規格は，*JIS Q 45001:2018* の要求事項をそのまま取り入れ，*日本企業における具体的な安全衛生活動，安全衛生管理体制などの要求事項及び注記について追加して規定する．これら追加事項は，斜体かつ太字で表記する．*

1　適用範囲

　この規格は，労働安全衛生水準の更なる向上を目指すことを目的として，組織が行う安全衛生活動などについて，*JIS Q 45001:2018* の要求事項に加えて，*より具体的で詳細な追加要求事項について規定する．*

2　引用規格

　次に掲げる規格は，この規格に引用されることによって，この規格の規定の一部を構成する．この引用規格は，記載の年の版を適用し，その後の改正版（追補を含む．）は適用しない．

　　JIS Q 45001:2018　労働安全衛生マネジメントシステム―要求事項及び利用の手引

　　　注記　対応国際規格：*ISO 45001:2018, Occupational health and safety managements systems — Requirements with guidance for use*

3　用語及び定義

この規格に用いる主な用語及び定義は，JIS Q 45001:2018 による．

4　組織の状況

JIS Q 45001:2018 の箇条 4 を適用する．

5　リーダーシップ及び働く人の参加

5.1　リーダーシップ及びコミットメント

JIS Q 45001:2018 の 5.1 を適用する．

5.2　労働安全衛生方針

JIS Q 45001:2018 の 5.2 を適用する．

5.3　組織の役割，責任及び権限

　トップマネジメントは，労働安全衛生マネジメントシステムの中の関連する役割に対して，責任及び権限が，組織内に全ての階層で割り当てられ，伝達され，文書化した情報として維持されることを確実にしなければならない．組織の各階層で働く人は，各自が管理する労働安全衛生マネジメントシステムの側面について責任を負わなければならない．

　　注記 1　責任及び権限は割り当てし得るが，最
　　　　　　終的には，トップマネジメントは労働

　　　　安全衛生マネジメントシステムの機能
　　　　に対して説明責任をもつ.

　トップマネジメントは，次の事項に対して，責任
及び権限を割り当てなければならない.

a) 　労働安全衛生マネジメントシステムが，この規
　　　格の要求事項に適合することを確実にする.

b) 　労働安全衛生マネジメントシステムのパフォー
　　　マンスをトップマネジメントに報告する.

　*トップマネジメントは，労働安全衛生マネジメン
トシステムの中の関連する役割に対する責任及び権
限の割り当てにおいては，システム各級管理者を指
名することを確実にしなければならない.*

　　　　*注記2　　システム各級管理者とは，事業場にお
　　　　　　　　　いてその事業を統括管理する者，及び
　　　　　　　　　生産・製造部門などの事業部門，安全
　　　　　　　　　衛生部門などにおける部長，課長，係
　　　　　　　　　長，職長，作業指揮者などの管理者又
　　　　　　　　　は監督者であって，労働安全衛生マネ
　　　　　　　　　ジメントシステムを担当する者をいう.*

5.4　働く人の協議及び参加

　組織は，労働安全衛生マネジメントシステムの開
発，計画，実施，パフォーマンス評価及び改善のた
めの処置について，適用可能な全ての階層及び部門
の働く人及び働く人の代表（いる場合）との協議及

び参加のためのプロセスを確立し，実施し，かつ，維持しなければならない．

組織は，次の事項を行わなければならない．

a)　協議及び参加のための仕組み，時間，教育訓練及び資源を提供する．

　　　注記1　　働く人の代表制は，協議及び参加の仕組みになり得る．

b)　労働安全衛生マネジメントシステムに関する明確で理解しやすい，関連情報を適宜利用できるようにする．

c)　参加の障害又は障壁を決定して取り除き，取り除けない障害又は障壁を最小化する．

　　　注記2　　障害及び障壁には，働く人の意見又は提案への対応の不備，言語又は識字能力の障壁，報復又は報復の脅し，及び働く人の参加の妨げ又は不利になるような施策又は慣行が含まれ得る．

d)　次の事項に対する非管理職との協議に重点を置く．

　1)　利害関係者のニーズ及び期待を決定すること（**JIS Q 45001**:2018 の **4.2** 参照）．

　2)　労働安全衛生方針を確立すること（**JIS Q 45001**:2018 の **5.2** 参照）．

3) 該当する場合は，組織上の役割，責任及び権限を，必ず，割り当てること（**5.3** 参照）．

4) 法的要求事項及びその他の要求事項を満足する方法を決定すること（**6.1.3** 参照）．

5) 労働安全衛生目標を確立し，かつ，その達成を計画すること（**6.2** 参照）．

6) 外部委託，調達及び請負者に適用する管理を決定すること（**JIS Q 45001**:2018 の **8.1.4** 参照）．

7) モニタリング，測定及び評価を要する対象を決定すること（**9.1** 参照）．

8) 監査プログラムを計画し，確立し，実施し，かつ，維持すること（**9.2.2** 参照）．

9) 継続的改善を確実にすること（**JIS Q 45001**:2018 の **10.3** 参照）．

e) 次の事項に対する非管理職の参加に重点を置く．

1) 非管理職の協議及び参加のための仕組みを決定すること．

2) 危険源の特定並びにリスク及び機会の評価をすること（**6.1.1** 及び **6.1.2** 参照）．

3) 危険源を除去し労働安全衛生リスクを低減するための取組みを決定すること（**JIS Q 45001**:2018 の **6.1.4** 参照）．

4) 力量の要求事項，教育訓練のニーズ及び教育訓練を決定し，教育訓練の評価をすること（**7.2** 参照）．

5) コミュニケーションの必要がある情報及び方法の決定をすること（**JIS Q 45001**:2018 の **7.4** 参照）．

6) 管理方法及びそれらの効果的な実施及び活用を決定すること（**8.1** 並びに **JIS Q 45001**:2018 の **8.1.3** 及び **8.2** 参照）．

7) インシデント及び不適合を調査し，是正処置を決定すること（**10.2** 参照）．

　注記3　非管理職への協議及び参加に重点を置く意図は，労働活動を実施する人を関与させることであって，例えば，労働活動又は組織の他の要因で影響を受ける管理職の関与を除くことは意図していない．

　注記4　働く人に教育訓練を無償提供すること，可能な場合，就労時間内で教育訓練を提供することは，働く人の参加への大きな障害を除き得ることが認識されている．

組織は，働く人及び働く人の代表（いる場合）との協議及び参加について，次の場を活用しなければ

ならない.

f) 安全委員会，衛生委員会又は安全衛生委員会が設置されている場合は，これらの委員会

g) f)以外の場合には，安全衛生の会議，職場懇談会など働く人の意見を聴くための場

組織は，協議及び参加を行うプロセスに関する手順を定め，その手順によって協議及び参加を行わなければならない.

6　計画

6.1　リスク及び機会への取組み

6.1.1　一般

労働安全衛生マネジメントシステムの計画を策定するとき，組織は，**JIS Q 45001**:2018 の 4.1（状況）に規定する課題，**JIS Q 45001**:2018 の 4.2（利害関係者）に規定する要求事項及び **JIS Q 45001**:2018 の 4.3（労働安全衛生マネジメントシステムの適用範囲）を考慮し，次の事項のために取り組む必要があるリスク及び機会を決定しなければならない.

a) 労働安全衛生マネジメントシステムが，その意図した成果を達成できるという確信を与える.

b) 望ましくない影響を防止又は低減する.

c) 継続的改善を達成する.

組織は，取り組む必要のある労働安全衛生マネジ

メントシステム並びにその意図した成果に対するリスク及び機会を決定するときには，次の事項を考慮に入れなければならない．

— 危険源（**JIS Q 45001:2018** の **6.1.2.1** 参照）

— 労働安全衛生リスク及びその他のリスク（**6.1.2.2** 参照）

— 労働安全衛生機会及びその他の機会（**6.1.2.3** 参照）

— 法的要求事項及びその他の要求事項（**6.1.3** 参照）

　組織は，計画プロセスにおいて，組織，組織のプロセス又は労働安全衛生マネジメントシステムの変更に付随して，労働安全衛生マネジメントシステムの意図した成果に関わるリスク及び機会を決定し，評価しなければならない．永続的か暫定的かを問わず，計画的な変更の場合は，変更を実施する前にこの評価を行わなければならない（**JIS Q 45001:2018** の **8.1.3** 参照）．

　組織は，次の事項に関する文書化した情報を維持しなければならない．

— リスク及び機会

— 計画どおりに実施されたことの確信を得るために必要な範囲でリスク及び機会（**6.1.2 〜 6.1.4** 参照）を決定し，対処するために必要なプロセス及び取組み

　組織は，次に示す全ての項目について取り組む必要のある事項を決定するとともに実行するための取組みを計画しなければならない（*JIS Q 45001:2018* の *6.1.4* 参照）.

a) 法的要求事項及びその他の要求事項を考慮に入れて決定した取組み事項

b) 労働安全衛生リスクの評価を考慮に入れて決定した取組み事項

c) 安全衛生活動の取組み事項（法的要求事項以外の事項を含めること）

d) 健康確保の取組み事項（法的要求事項以外の事項を含めること）

e) 安全衛生教育及び健康教育の取組み事項

f) 元方事業者にあっては，関係請負人に対する措置に関する取組み事項

　組織は，附属書 A を参考として，取り組む必要のある事項を決定するとともに実行するための取組みを計画することができる.

　なお，附属書 A に記載されている事項以外であってもよい.

　組織は，取組み事項を決定し取組みを計画するときには，組織が所属する業界団体などが作成する労働安全衛生マネジメントシステムに関するガイドラインなどを参考とすることができる.

注記 1　元方事業者とは，一つの場所において
　　　　行う事業の仕事の一部を請負者に請け
　　　　負わせているもので，その他の仕事は
　　　　自らが行う事業者をいう．

注記 2　関係請負人とは，元方事業者の当該事
　　　　業の仕事が数次の請負契約によって行
　　　　われるときに，当該請負者の請負契約
　　　　の後次の全ての請負契約の当事者であ
　　　　る請負者をいう．

6.1.1.1　労働安全衛生リスクへの取組み体制

　組織は，危険源の特定（JIS Q 45001:2018 の
6.1.2.1 参照），労働安全衛生リスクの評価（6.1.2.2
参照）及び決定した労働安全衛生リスクへの取組み
の計画策定（JIS Q 45001:2018 の 6.1.4 参照）を
するときには，次の事項を確実にしなければならな
い．

a)　事業場ごとに事業の実施を統括管理する者にこ
　　れらの実施を統括管理させる．

b)　組織の安全管理者，衛生管理者など（選任され
　　ている場合）に危険源の特定及び労働安全衛生
　　リスクの評価の実施を管理させる．

　組織は，危険源の特定及び労働安全衛生リスクの
評価の実施に際しては，次の事項を考慮しなければ
ならない．

— 作業内容を詳しく把握している者（職長，班長，組長，係長などの作業中の働く人を直接的に指導又は監督する者）に検討を行わせるように努めること．

— 機械設備及び電気設備に係る危険源の特定並びに労働安全衛生リスクの評価に当たっては，設備に十分な専門的な知識をもつ者を参画させるように努めること．

— 化学物質などに係る危険源の特定及び労働安全衛生リスクの評価に当たっては，必要に応じて，化学物質などに係る機械設備，化学設備，生産技術，健康影響などについての十分な専門的な知識をもつ者を参画させること．

— 必要に応じて，外部コンサルタントなどの助力を得ること．

注記1　"化学物質など"の"など"には，化合物，混合物が含まれる．

注記2　"事業の実施を統括管理する者"には，総括安全衛生管理者及び統括安全衛生責任者が含まれ，総括安全衛生管理者の選任義務のない事業場においては，事業場を実質的に管理する者が含まれる．

注記3　"安全管理者，衛生管理者など"の

　　　　　"など"には，安全衛生推進者及び衛
　　　　生推進者が含まれる.

　注記 4　"外部コンサルタントなど"には，労
　　　　　働安全コンサルタント及び労働衛生コ
　　　　　ンサルタントが含まれるが，それ以外
　　　　　であってもよい.

6.1.2　危険源の特定並びにリスク及び機会の評価

6.1.2.1　危険源の特定

JIS Q 45001:2018 の *6.1.2.1* を適用する.

6.1.2.2　労働安全衛生リスク及び労働安全衛生マネジメントシステムに対するその他のリスクの評価

　組織は，次の事項のためのプロセスを確立し，実施し，かつ，維持しなければならない.

a)　既存の管理策の有効性を考慮に入れた上で，特
　　定された危険源から生じる労働安全衛生リスク
　　を評価する.

b)　労働安全衛生マネジメントシステムの確立，実
　　施，運用及び維持に関係するその他のリスクを
　　決定し，評価する.

　組織の労働安全衛生リスクの評価の方法及び基準
は，問題が起きてから対応するのではなく事前に，
かつ，体系的な方法で行われることを確実にするた
め，労働安全衛生リスクの範囲，性質及び時期の観
点から，決定しなければならない. この方法及び基

準は，文書化した情報として維持し，保持しなければならない．

　労働安全衛生リスクの評価の方法及び基準は，負傷又は疾病の重篤度及びそれらが発生する可能性の度合いを考慮に入れたものでなければならない．

　組織は，当該評価において，附属書Ａを参考にすることができる．

　組織は，労働安全衛生リスクを評価するためのプロセスに関する手順を策定し，この手順によって実施しなければならない．

6.1.2.3　労働安全衛生機会及び労働安全衛生マネジメントシステムに対するその他の機会の評価

　組織は，次の事項を評価するためのプロセスを確立し，実施し，かつ，維持しなければならない．

a)　組織，組織の方針，そのプロセス又は組織の活動の計画的変更を考慮に入れた労働安全衛生パフォーマンス向上の労働安全衛生機会及び，

　1)　作業，作業組織及び作業環境を働く人に合わせて調整する機会

　2)　危険源を除去し，労働安全衛生リスクを低減する機会

b)　労働安全衛生マネジメントシステムを改善するその他の機会

　　注記　労働安全衛生リスク及び労働安全衛生機

会は，組織にとってのその他のリスク及びその他の機会となることがあり得る．

組織は，当該評価において，附属書Aを参考にすることができる．

6.1.3 法的要求事項及びその他の要求事項の決定

組織は，次の事項のためのプロセスを確立し，実施し，かつ，維持しなければならない．

a) 組織の危険源，労働安全衛生リスク及び労働安全衛生マネジメントシステムに適用される最新の法的要求事項及びその他の要求事項を決定し，入手する．

b) これらの法的要求事項及びその他の要求事項の組織への適用方法，並びにコミュニケーションする必要があるものを決定する．

c) 組織の労働安全衛生マネジメントシステムを確立し，実施し，維持し，継続的に改善するときに，これらの法的要求事項及びその他の要求事項を考慮に入れる．

組織は，法的要求事項及びその他の要求事項に関する文書化した情報を維持し，保持し，全ての変更を反映して最新の状態にしておくことを確実にしなければならない．

注記 法的要求事項及びその他の要求事項は，組織へのリスク及び機会となり得る．

　組織は，当該決定において，附属書 A を参考に
することができる．

6.1.4　取組みの計画策定

　JIS Q 45001:2018 の 6.1.4 を適用する．

**6.2　労働安全衛生目標及びそれを達成するための
計画策定**

6.2.1　労働安全衛生目標

　JIS Q 45001:2018 の 6.2.1 を適用する．

6.2.1.1　労働安全衛生目標の考慮事項など

　組織は，労働安全衛生目標（*JIS Q 45001:2018
の 6.2.1 参照*）を確立しようとするときには，次の
事項を考慮しなければならない．

―　過去における労働安全衛生目標（*JIS Q 45001:
2018 の 6.2.1 参照*）の達成状況

　組織は，労働安全衛生目標の確立に当たって，一
定期間に達成すべき到達点を明らかにしなければな
らない．

6.2.2　労働安全衛生目標を達成するための計画策定

　組織は，労働安全衛生目標をどのように達成する
かについて計画するとき，次の事項を決定しなけれ
ばならない．

a)　実施事項

b)　必要な資源

c)　責任者

d) 達成期限

e) これには，モニタリングするための指標を含む，結果の評価方法

f) 労働安全衛生目標を達成するための取組みを組織の事業プロセスに統合する方法

組織は，労働安全衛生目標及びそれらを達成するための計画に関する文書化した情報を維持し，保持しなければならない．

組織は，労働安全衛生目標をどのように達成するかについて計画するとき，a) ～ f) に加え，次の事項を決定しなければならない．

g) *計画の期間*

h) *計画の見直しに関する事項*

組織は，労働安全衛生目標をどのように達成するかについて計画するとき，利用可能な場合，過去における次の事項を考慮しなければならない．

i) *労働安全衛生目標の達成状況及び労働安全衛生目標を達成するための計画の実施状況*

j) *モニタリング，測定，分析及びパフォーマンス評価の結果（9.1.1 参照）*

k) *インシデントの調査及び不適合のレビューの結果並びにインシデント及び不適合に対してとった処置（10.2 参照）*

l) *内部監査の結果（JIS Q 45001:2018 の 9.2.1*

及び *9.2.2* 参照）

6.2.2.1　実施事項に含むべき事項

組織は，労働安全衛生目標を達成するための計画に，*6.1.1* で決定し，計画した取組みの中から，次の全ての事項について実施事項に含めなければならない．

a) 法的要求事項及びその他の要求事項を考慮に入れて決定した取組み事項及び実施時期

b) 労働安全衛生リスクの評価を考慮に入れて決定した取組み事項及び実施時期

c) 安全衛生活動の取組み事項（法的要求事項以外の事項を含めること）及び実施時期

d) 健康確保の取組み事項（法的要求事項以外の事項を含めること）及び実施時期

e) 安全衛生教育及び健康教育の取組み事項及び実施時期

f) 元方事業者にあっては，関係請負人に対する措置に関する取組み事項及び実施時期

7　支援

7.1　資源

JIS Q 45001:2018 の *7.1* を適用する．

7.2　力量

組織は，次の事項を行わなければならない．

a) 組織の労働安全衛生パフォーマンスに影響を与える，又は与え得る働く人に必要な力量を決定する．

b) 適切な教育，訓練又は経験に基づいて，働く人が（危険源を特定する能力を含めた）力量を備えていることを確実にする．

c) 該当する場合には，必ず，必要な力量を身に付け，維持するための処置をとり，とった処置の有効性を評価する．

d) 力量の証拠として，適切な文書化した情報を保持する．

注記　適用する処置には，例えば，現在雇用している人々に対する，教育訓練の提供，指導の実施，配置転換の実施などがあり，また，力量を備えた人々の雇用，そうした人々との契約締結などもあり得る．

組織は，安全衛生活動及び健康確保の取組みを実施し，維持し，継続的に改善するため，次の事項を行わなければならない．

e)　適切な教育，訓練又は経験によって，働く人が，安全衛生活動及び健康確保の取組みを適切に実施するための力量を備えていることを確実にする．

f)　適切な教育，訓練又は経験によって，システム各級管理者が，安全衛生活動及び健康確保の取組みの有効性を適切に評価し，管理するための力量を備えていることを確実にする．

7.3　認識

JIS Q 45001:2018 の 7.3 を適用する．

7.4　コミュニケーション

JIS Q 45001:2018 の 7.4 を適用する．

7.5　文書化した情報

7.5.1　一般

JIS Q 45001:2018 の 7.5.1 を適用する．

7.5.1.1　手順及び文書化

組織は，5.4，6.1.2.2，7.5.3，8.1.1，8.1.2，9.1.1，9.2.2 及び 10.2 によって策定する手順に，少なくとも次の事項を含まなければならない．

a)　実施時期

b)　実施者又は担当者

c)　実施内容

d)　実施方法

組織は，5.4，6.1.2.2，7.5.3，8.1.1，8.1.2，9.1.1，9.2.2 及び 10.2 によって策定する手順を，文書化した情報として維持しなければならない．

7.5.2　作成及び更新

JIS Q 45001:2018 の 7.5.2 を適用する．

7.5.3　文書化した情報の管理

　労働安全衛生マネジメントシステム及びこの規格で要求している文書化した情報は，次の事項を確実にするために，管理しなければならない．

a) 文書化した情報が，必要なときに，必要なところで，入手可能，かつ，利用に適した状態である．

b) 文書化した情報が十分に保護されている（例えば，機密性の喪失，不適切な使用及び完全性の喪失からの保護）．

　文書化した情報の管理に当たって，組織は，該当する場合には，必ず，次の活動に取り組まなければならない．

— 配付，アクセス，検索及び利用

— 読みやすさが保たれることを含む，保管及び保存

— 変更の管理（例えば，版の管理）

— 保持及び廃棄

　労働安全衛生マネジメントシステムの計画及び運用のために組織が必要と決定した外部からの文書化した情報は，必要に応じて識別し，管理しなければならない．

　　注記 1　アクセスとは，文書化した情報の閲覧だけの許可に関する決定，又は文書化

　　　　　　した情報の閲覧及び変更の許可並びに
　　　　　　権限に関する決定を意味し得る．

注記 2　関連する文書化した情報のアクセスに
　　　　　　は，働く人及び働く人の代表（いる場
　　　　　　合）によるアクセスが含まれる．

組織は，文書化した情報の管理（文書を保管，改
訂，廃棄などをすることをいう．）に関する手順を
定め，これによって文書化した情報の管理を行わな
ければならない．

8　運用

8.1　運用の計画及び管理

8.1.1　一般

　組織は，次に示す事項の実施によって，労働安全
衛生マネジメントシステム要求事項を満たすために
必要なプロセス，及び箇条 6 で決定した取組みを
実施するために必要なプロセスを計画し，実施し，
管理し，かつ，維持しなければならない．

a)　プロセスに関する基準の設定

b)　その基準に従った，プロセスの管理の実施

c)　プロセスが計画どおりに実施されたという確信
　　をもつために必要な程度の，文書化した情報の
　　維持及び保持

d)　働く人に合わせた作業の調整

複数の事業者が混在する職場では，組織は，労働安全衛生マネジメントシステムの関係する部分を他の組織と調整しなければならない．

組織は，箇条6で決定した取組みを実施するために必要なプロセスに関する手順を定め，この手順によって実施しなければならない．

組織は，箇条6で決定した取組みを実施するために必要な事項について，働く人及び関係する利害関係者に周知させる手順を定め，この手順によって周知させなければならない．

8.1.2　危険源の除去及び労働安全衛生リスクの低減

組織は，次の管理策の優先順位によって，危険源の除去及び労働安全衛生リスクを低減するためのプロセスを確立し，実施し，維持しなければならない．

a)　危険源を除去する．

b)　危険性の低いプロセス，操作，材料又は設備に切り替える．

c)　工学的対策を行う及び作業構成を見直しする．

d)　教育訓練を含めた管理的対策を行う．

e)　適切な個人用保護具を使う．

　　　注記　多くの国で，法的要求事項及びその他の要求事項は，個人用保護具（PPE）が働く人に無償支給されるという要求事項

を含んでいる.

　組織は，危険源の除去及び労働安全衛生リスクを低減するためのプロセスに関する手順を定め，この手順によって実施しなければならない.

　組織は，危険源の除去及び労働安全衛生リスクの低減のための措置を 6.1.1.1 の体制で実施しなければならない.

8.1.3　変更の管理

JIS Q 45001:2018 の 8.1.3 を適用する.

8.1.4　調達

JIS Q 45001:2018 の 8.1.4 を適用する.

8.2　緊急事態への準備及び対応

JIS Q 45001:2018 の 8.2 を適用する.

9　パフォーマンス評価

9.1　モニタリング，測定，分析及びパフォーマンス評価

9.1.1　一般

　組織は，モニタリング，測定，分析及びパフォーマンス評価のためのプロセスを確立し，実施し，かつ，維持しなければならない.

　組織は，次の事項を決定しなければならない.

a) 　次の事項を含めた，モニタリング及び測定が必要な対象

1) 法的要求事項及びその他の要求事項の順守の程度

2) 特定した危険源，リスク及び機会に関わる組織の活動及び運用

3) 組織の労働安全衛生目標達成に向けた進捗

4) 運用及びその他の管理の有効性

b) 該当する場合には，必ず，有効な結果を確実にするための，モニタリング，測定，分析及びパフォーマンス評価の方法

c) 組織が労働安全衛生パフォーマンスを評価するための基準

d) モニタリング及び測定の実施時期

e) モニタリング及び測定の結果の，分析，評価及びコミュニケーションの時期

　組織は，労働安全衛生パフォーマンスを評価し，労働安全衛生マネジメントシステムの有効性を判断しなければならない．

　組織は，モニタリング及び測定機器が，該当する場合に必ず校正又は検証し，必要に応じて，使用し，維持することを確実にしなければならない．

　　注記　モニタリング及び測定機器の校正又は検証に関する法的要求事項又はその他の要求事項（例えば，国家規格又は国際規格）が存在することがあり得る．

組織は，次の事項のために適切な文書化した情報を保持しなければならない．

— モニタリング，測定，分析及びパフォーマンス評価の結果の証拠として

— 測定機器の保守，校正又は検証の記録

組織は，モニタリング，測定，分析及びパフォーマンス評価のためのプロセスに関する手順を定め，この手順によって実施しなければならない．

9.1.2　順守評価

JIS Q 45001:2018 の 9.1.2 を適用する．

9.2　内部監査

9.2.1　一般

JIS Q 45001:2018 の 9.2.1 を適用する．

9.2.2　内部監査プログラム

組織は，次に示す事項を行わなければならない．

a) 頻度，方法，責任，協議並びに計画要求事項及び報告を含む，監査プログラムの計画，確立，実施及び維持．監査プログラムは，関連するプロセスの重要性及び前回までの監査の結果を考慮に入れなければならない．

b) 各監査について，監査基準及び監査範囲を明確にする．

c) 監査プロセスの客観性及び公平性を確保するために，監査員を選定し，監査を実施する．

d) 監査の結果を関連する管理者に報告することを確実にする．関連する監査結果が，働く人及び働く人の代表（いる場合），並びに他の関係する利害関係者に報告されることを確実にする．

e) 不適合に取り組むための処置をとり，労働安全衛生パフォーマンスを継続的に向上させる（箇条 **10** 参照）．

f) 監査プログラムの実施及び監査結果の証拠として，文書化した情報を保持する．

> **注記** 監査及び監査員の力量に関する詳しい情報は，**JIS Q 19011** を参照．

組織は，監査プログラムに関する手順を定め，この手順によって実施しなければならない．

9.3 マネジメントレビュー

JIS Q 45001:2018 の 9.3 を適用する．

10 改善

10.1 一般

JIS Q 45001:2018 の 10.1 を適用する．

10.2 インシデント，不適合及び是正処置

組織は，報告，調査及び処置を含めた，インシデント及び不適合を決定し，管理するためのプロセスを確立し，実施し，かつ，維持しなければならない．

インシデント又は不適合が発生した場合，組織は，次の事項を行わなければならない．

a) そのインシデント又は不適合に遅滞なく対処し，該当する場合には，必ず，次の事項を行う．

   1) そのインシデント又は不適合を管理し，修正するための処置をとる．

   2) そのインシデント又は不適合によって起こった結果に対処する．

b) そのインシデント又は不適合が再発又は他のところで発生しないようにするため，働く人（5.4参照）を参加させ，他の関係する利害関係者を関与させて，次の事項によって，そのインシデント又は不適合の根本原因を除去するための是正処置をとる必要性を評価する．

   1) そのインシデントを調査し又は不適合をレビューする．

   2) そのインシデント又は不適合の原因を究明する．

   3) 類似のインシデントが起きたか，不適合の有無，又は発生する可能性があるかを明確にする．

c) 必要に応じて，労働安全衛生リスク及びその他のリスクの既存の評価をレビューする（6.1参

照）．

d) 管理策の優先順位（**8.1.2** 参照）及び変更の管理（**JIS Q 45001:2018** の **8.1.3** 参照）に従い，是正処置を含めた，必要な処置を決定し，実施する．

e) 処置を実施する前に，新しい又は変化した危険源に関連する労働安全衛生リスクの評価を行う．

f) 是正処置を含めて，全ての処置の有効性をレビューする．

g) 必要な場合には，労働安全衛生マネジメントシステムの変更を行う．

是正処置は，検出されたインシデント又は不適合のもつ影響又は起こり得る影響に応じたものでなければならない．

組織は，次に示す事項の証拠として，文書化した情報を保持しなければならない．

— インシデント又は不適合の性質，及びとった処置

— とった処置の有効性を含めた全ての対策及び是正処置の結果

組織は，この文書化した情報を，関係する働く人及び働く人の代表（いる場合）並びにその他の関係する利害関係者に伝達しなければならない．

　注記　インシデントの遅滞のない報告及び調査
　　　　は，できるだけ速やかな危険源の除去及
　　　　び付随する労働安全衛生リスクの最小化
　　　　を可能にすることができる．

　組織は，インシデント，不適合及び是正処置を
決定し，管理するためのプロセスに関する手順を定
め，この手順によって実施しなければならない．

10.3　継続的改善

　JIS Q 45001:2018 の 10.3 を適用する．

附属書 A

(参考)

取組み事項の決定及び労働安全衛生目標を達成するための計画策定などに当たって参考とできる事項

これらの事項は，6.1.1，6.1.2.2，6.1.2.3 及び 6.1.3 において用いる．

領域		項目	①法令要求関連事項	②労働安全衛生リスク関連事項	③安全衛生活動及び健康確保関連事項	④安全衛生教育及び健康教育関連事項
全般	1	衛生委員会／安全委員会／安全衛生委員会の開催	○			
	2	安全衛生教育（法定教育：雇入れ時・作業内容変更時教育及び職長教育）	○			
	3	危険予知活動（KYT，指差呼称など）			○	
	4	整理整頓活動（4S 活動など）			○	
	5	ヒヤリ・ハット活動			○	
	6	ヒューマンエラー防止活動（危険等の見える化，注意喚起表示など）			○	
	7	安全衛生改善提案活動			○	
	8	類似災害防止の検討			○	
	9	作業規程，作業手順書の整備，周知及び見直し			○	
	10	職場巡視（法定：安全管理者，衛生管理者及び産業医の職場巡視）	○			
	11	安全衛生パトロール（法定外：トップマネジメント，管理監督者，安全衛生委員会など）			○	
	12	始業時ミーティング（安全／衛生／健康管理チェック）			○	

領域		項目	①法令要求関連事項	②労働安全衛生リスク関連事項	③安全衛生活動及び健康確保関連事項	④安全衛生教育及び健康教育関連事項
全般	13	労働者の応急救護訓練（AED の使い方も含む。）				○
	14	安全衛生意識向上のための活動（安全衛生大会，週間・月間活動，安全衛生表彰，事例発表，安全衛生標語の募集など）			○	
	15	受動喫煙対策			○	
	16	快適職場づくり（中高年者，妊婦，障害者などに配慮した職場・職務設計）			○	
	17	計画的な有資格者の育成（免許取得，技能講習受講など）	○			
	18	元方事業者にあっては，関係請負人に対する措置（参考文献を参照）	○			

領域		項目	①法令要求関連事項	②労働安全衛生リスク関連事項	③安全衛生活動及び健康確保関連事項	④安全衛生教育及び健康教育関連事項
安全衛生共通	1	安全点検など（点検：定期自主検査，特定機械等の性能検査など）	○			
	2	安全点検など（法定外）			○	
	3	安全衛生教育（法定教育：雇入れ時・作業内容変更時教育，特別教育，職長教育など）	○			
	4	安全衛生教育（法定外教育：経営者，管理者，技術者教育，危険体感教育など）				○
	5	労働安全衛生リスク［労働安全のリスク全般に関すること（化学物質に関することを除く。）。］の調査及びリスク低減対策（参考文献を参照）		○		
	6	特定の起因物（機械，電気，産業車両など）による災害防止対策	○		○	
	7	特定の事故の型（墜落・転落，転倒，挟まれ，巻き込まれなど）による災害防止対策	○		○	
	8	特定の作業時（非定常作業，荷役作業，はい作業，車両運転など）の災害防止対策	○		○	
	9	交通事故（通勤災害も含む。）による災害の防止対策			○	
	10	保護具の管理（選定，着用，保管など）	○		○	
	11	安全保護具（安全帯，保護帽，安全靴など）の着用教育				○
	12	作業環境測定	○			
	13	作業環境改善（局所排気装置の設置など）	○		○	
	14	特殊健康診断（計画から実施）	○			
	15	特殊健診の判定（有所見者に対する医療区分・就業区分判定），事後措置（精密検査，就業制限，配置転換など）	○			

領域		項目	①法令要求関連事項	②労働安全衛生リスク関連事項	③安全衛生活動及び健康確保関連事項	④安全衛生教育及び健康教育関連事項
安全衛生共通	16	労働安全衛生リスク〔労働衛生のリスク全般に関すること（化学物質に関することを除く。）。〕の調査及びリスク低減対策（参考文献を参照）		○		
	17	労働安全衛生リスク（化学物質に関すること。）の調査及びリスク低減対策（参考文献を参照）	○	○		
	18	化学物質 SDS の管理・活用			○	
	19	人間工学（エルゴノミクス）手法を用いた改善			○	
	20	物理的有害要因の対策（熱中症，騒音など）	○		○	
	21	化学的有害要因の対策（発がん物質，特化物，有機溶剤など）	○		○	
	22	粉じん・石綿などの対策	○		○	
	23	衛生保護具（防じんマスク，防毒マスクなど）の教育（フィットテストなど）				○
	24	化学物質管理教育(有害性・SDS の活用方法など)				○

領域		項目	①法令要求関連事項	②労働安全衛生リスク関連事項	③安全衛生活動及び健康確保関連事項	④安全衛生教育及び健康教育関連事項
健康	1	一般健康診断（計画から実施）	○			
	2	健診判定（有所見者に対する医療区分・就業区分判定），事後措置（精密検査，受診勧奨，保健指導）	○			
	3	適正配置（就業上の措置，復職支援，母性健康管理など）	○			
	4	ストレスチェックの実施及び個人対応（医師の面接指導など）	○			
	5	ストレスチェック結果の集団分析に基づく職場環境改善			○	
	6	過重労働対策（労働時間管理，労働時間の削減，医師の面接指導など）	○			
	7	メンタルヘルス対策（体制整備，四つのケア及び医師の面接指導など）			○	
	8	メンタルヘルス教育（管理監督者，一般職など）				○
	9	感染症対策（結核，インフルエンザなど）			○	
	10	健康教育（生活習慣病予防，感染症予防，禁煙教育，睡眠衛生教育など）				○
	11	時間外労働の削減，勤務間インターバル制度導入など			○	
	12	治療と仕事の両立に向けた支援（がん就労支援など）			○	
	13	ハラスメント対策			○	
	14	健康保持増進の取組み（THP活動，職場体操，ストレッチ，腰痛体操，ウォーキングなど）			○	

注記 1　"全般領域"及び"健康領域"については，全ての組織が参考とすることができる．

注記 2　"安全衛生共通領域"については，特に危険有害業務をもつ組織が参考とすることができる．

注記 3　それぞれの項目における，①法令要求関連事項，②労働安全衛生リスク関連事項，③安全衛生活動及び健康確保関連事項，④安全衛生教育及び健康教育関連事項の区分の○印は，一般的に区分したものであって，個別のケースにおいては，異なる区分に該当する場合もある．

注記 4　①法令要求関連事項は，計画的に取り組むことが推奨される事項を抜粋したものであり，全ての法令要求関連事項を掲載したものではない．

注記 5　"項目"欄について，取組みの趣旨が同一であれば，組織が決定した取組み事項が，それぞれの項目の名称に一致していなくてもよい．

参考文献

（労働安全衛生マネジメントシステム関係）

[1] 労働安全衛生マネジメントシステムに関する指針（改正　平成 18 年 3 月 10 日　厚生労働省告示第 113 号）

（リスクアセスメント関係）

[2] 危険性又は有害性等の調査等に関する指針（平成 18 年 3 月 10 日　危険性又は有害性等の調査等に関する指針公示第 1 号　厚生労働省）

[3] 化学物質等による危険性又は有害性等の調査等に関する指針について（平成 27 年 9 月 18 日　危険性又は有害性等の調査等に関する指針公示第 3 号　厚生労働省）

[4] 機械の包括的な安全基準に関する指針（平成 19 年 7 月 31 日　基発第 0731001 号　厚生労働省）

[5] 機能安全による機械等に係る安全確保に関する技術上の指針（平成 28 年 9 月 26 日　厚生労働省告示第 353 号）

[6] 機械譲渡者等が行う機械に関する危険性等の通知の促進に関する指針（平成 24 年 3 月 16 日　厚生労働省告示第 132 号）

（安全衛生教育関係）

[7]　危険又は有害な業務に現に就いている者に対する安全衛生教育に関する指針（改正　平成 27年 8月 31日　安全衛生教育指針公示第 5号　厚生労働省）

[8]　労働災害の防止のための業務に従事する者に対する能力向上教育に関する指針（改正　平成 18年 3月 31日　能力向上教育指針公示第 5号　厚生労働省）

（化学物質関係）

[9]　化学物質等の危険性又は有害性等の表示又は通知等の促進に関する指針（改正　平成 28年 4月 18日　厚生労働省告示第 208号）

（健康確保関係）

[10]　健康診断結果に基づき事業者が講ずべき措置に関する指針（改正　平成 29年 4月 14日　健康診断結果措置指針公示第 9号　厚生労働省）

[11]　事業場における労働者の健康保持増進のための指針（改正　平成 27年 11月 30日　健康保持増進のための指針公示第 5号　厚生労働省）

[12] 労働者の心の健康の保持増進のための指針（改正　平成 27 年 11 月 30 日　健康保持増進のための指針公示第 6 号　厚生労働省）

[13] 心理的な負担の程度を把握するための検査及び面接指導の実施並びに面接指導結果に基づき事業者が講ずべき措置に関する指針（改正　平成 27 年 11 月 30 日　心理的な負担の程度を把握するための検査等指針公示第 2 号　厚生労働省）

（関係請負人に対する措置関係）

[14] 製造業における元方事業者による総合的な安全衛生管理のための指針（平成 18 年 8 月 1 日　基発第 0801010 号　厚生労働省）

[15] 元方事業者による建設現場安全管理指針について（平成 7 年 4 月 21 日　基発第 267 号の 2　厚生労働省）

（内部監査関係）

[16] JIS Q 19011　マネジメントシステム監査のための指針

対訳 ISO 45001:2018 （JIS Q 45001:2018）
労働安全衛生マネジメントの国際規格 ［ポケット版］

| 2018 年 12 月 10 日 | 第 1 版第 1 刷発行 |
| 2024 年 4 月 22 日 | 第 5 刷発行 |

編　　　者　一般財団法人 日本規格協会

発 行 者　朝日　弘

発 行 所　一般財団法人 日本規格協会

　　　　　〒 108-0073　東京都港区三田 3 丁目 13-12 三田 MT ビル
　　　　　https://www.jsa.or.jp/
　　　　　振替　00160-2-195146

製　　　作　日本規格協会ソリューションズ株式会社

印 刷 所　株式会社ディグ

© Japanese Standards Association, et al., 2018　　Printed in Japan
ISBN978-4-542-40274-4

● 当会発行図書，海外規格のお求めは，下記をご利用ください．
　JSA Webdesk(オンライン注文)：https://webdesk.jsa.or.jp/
　電話：050-1742-6256　E-mail：csd@jsa.or.jp

図 書 の ご 案 内

やさしい ISO 45001
（JIS Q 45001）
労働安全衛生マネジメントシステム入門

平林良人　著
A5 判・140 ページ
定価 1,760 本体 1,600 円＋税 10%）

【主要目次】
第 1 章　労働安全衛生を知る 19 の質問
第 2 章　組織における労働安全衛生
第 3 章　リスクアセスメント
第 4 章　労働安全衛生マネジメントシステムの認定・認証制度
第 5 章　ISO 45001:2018 について
第 6 章　労働安全衛生の今後について

労働安全衛生マネジメントシステム ISO 45001 の経営マネジメントシステムへの統合ガイド

平林良人・斉藤　忠　共著
A5 判・152 ページ
定価 3,300 円（本体 3,000 円＋税 10%）

【主要目次】
序章　マネジメントシステムの統合
第 1 章　労働安全衛生マネジメントシステム規格
第 2 章　プロセス
第 3 章　事業プロセス
第 4 章　統合する方法

日本規格協会　https://webdesk.jsa.or.jp/

図書のご案内

ISO 45001:2018
（JIS Q 45001:2018）
労働安全衛生
マネジメントシステム
要求事項の解説

中央労働災害防止協会　監修／平林良人　編著

A5 判・360 ページ

定価 6,050 円（本体 5,500 円 + 税 10%）

日本規格協会　https://webdesk.jsa.or.jp/